# 前　　言

菜豆又叫芸豆、四季豆、刀豆、眉豆、豆角或架豆，原产于地中海沿岸，16世纪传入我国，是我国现在重要的蔬菜栽培品种。在菜豆的生产中，病虫害是重要的限制因素。在整个生长过程中，从播种到果实收获，都可能遭到各种病虫害的危害；在整个植株上，从根部到茎蔓、叶片、花器和荚果，均受到不同种类病虫害的威胁，轻者造成减产，重者可导致绝产。菜豆病虫害种类多，本书介绍了常见的38种害虫和17种病害，许多病虫害的形态特征或发病症状十分相似，但发生规律、防治方法却相差很大。要有效地控制病虫害的发生，首先要正确进行识别，确定种类，然后才可制订防治方案。

作者　顾　耘

# 目　录

农作物病虫害田间诊断技术丛书

# 菜豆病虫害及防治原色图册

顾 耘 编著

金盾出版社

**图书在版编目(CIP)数据**

菜豆病虫害及防治原色图册/顾耘编著．—北京：金盾出版社，2009.3
(农作物病虫害田间诊断技术丛书)
ISBN 978-7-5082-5560-6

Ⅰ．菜…　Ⅱ．顾…　Ⅲ．菜豆—病虫害防治方法—图集　Ⅳ．S436.43-64

中国版本图书馆 CIP 数据核字(2009)第 013981 号

**金盾出版社出版、总发行**
北京太平路 5 号(地铁万寿路站往南)
邮政编码：100036　电话：68214039　83219215
传真：68276683　网址：www.jdcbs.cn
北京精美彩色印刷有限公司印刷、装订
各地新华书店经销
开本：889×1194 1/64　印张：1.25　字数：40 千字
2010 年 10 月第 1 版第 2 次印刷
印数：10 001～16 000 册　定价：14.00 元

# 一、菜豆病害及防治

## 1. 菜豆立枯病（真菌病害）*Rhizoctonia solani*

主要危害幼苗，严重时也可造成烂种。幼苗受害，幼茎基部一侧产生椭圆形褐色病斑，早期病苗中午萎蔫，早晚仍可恢复。当病斑扩大围绕幼茎一周后，病部干缩，有的木质部暴露在外，植株枯萎直至死亡。在湿度大时，病部产生淡褐色稀疏丝状体，即菌丝体。大苗或成株受害时，茎基部出现溃疡，地上部变黄、萎蔫、最终死亡。该病主要危害幼苗或稍大的幼苗，严重时也可造成烂种。

菜豆立枯病病苗

病苗病斑中期

病苗病斑后期

## 2. 菜豆根腐病（真菌病害）*Fusarium solani f. phaseoli*

主要侵害菜豆根部和茎基部，一般在出苗7天后开始发病，3~4周后进入发病高峰。染病后，上部真叶中午萎蔫，病株下部叶片发黄，从叶片边缘开始枯萎，但不脱落。拔出病株可见主根的上部和茎的地下部分呈黑褐色，病部稍下陷，有时开裂。剖视茎部，可发现维管束变褐。病株侧根少或腐烂死亡。在潮湿的环境下，病株茎基部常产生粉红色的霉状物，此为病菌的分生孢子。

菜豆根腐病病苗

根腐病病根

根腐病死株

# 3. 菜豆枯萎病（真菌病害）*Fusarium oxysporumi f.sp.phaseoli*

苗期一般不表现症状，花期开始显现症状，结荚盛期大量萎蔫枯死。染病植株下部叶片先变黄，后逐渐向上发展，叶脉变褐，邻近叶脉组织变黄，后全部干枯或脱落。茎蔓一侧或全部维管束变为黄褐色或黑褐色；皮层腐烂导致根腐，易拔起。结荚数量明显减少，且荚背部腹缝合线也逐渐变为黄褐色。花期后病株大量死亡。

病 根

病 株

## 4.菜豆白绢病（真菌病害）*Sclerotium rolfsii*

主要危害菜豆茎基部或根部。病部初生暗褐色水浸状斑，表面生白色绢丝状菌丝体，集结成束，向茎上部延伸，导致植株叶色变淡。菌丝自病茎基部向四周地面呈辐射状扩展，侵染与地面接触的果实，致使病果软腐。病果表面的白色绢丝状物纠结成菜籽状菌核。茎部皮层腐烂，露出木质部或在腐烂部上方长出不定根，最终植株萎蔫枯死。

白绢病病株

病根处菌核

病根处菌丝

白绢病病根

## 5. 菜豆花叶病（病毒病）

菜豆花叶病是一种病毒病害，主要有菜豆普通花叶病毒(BMV)、菜豆黄色花叶病毒（BYMV）和黄瓜花叶病毒（CMV）。嫩叶染病后，初期出现明脉、缺绿或皱缩现象，继续生长的嫩叶呈现花叶，花叶的绿色部分突起或凹下成袋形，叶片通常向下弯曲，有些品种感病后，叶片变为畸形。感病植株矮缩或不矮缩，开花延迟。果荚很少发病。

花叶型

扭曲型

褪绿驳斑型

## 6. 菜豆炭疽病（真菌病害）*Colletotrichum lindemuthianum*

从幼苗至成株均可发病。幼苗在子叶上部出现红褐色至黑色的圆形病斑，凹陷呈溃疡状。叶片病斑多产生在叶背上，沿叶脉扩展成三角形或多角形的小条斑，初为红褐色，后变为黑色至黑褐色。叶柄和茎蔓上产生的锈色小斑，随茎伸长变为细条形，凹陷或龟裂，有时还愈合成长条斑，严重时茎蔓折断死亡。未成熟的豆荚产生褐色小点，扩大后呈长圆形至近圆形，中心黑褐色至黑色，边缘淡褐色至粉红

菜豆炭疽病病斑

病　茎

发病初期

后期病斑

色，多个病斑常汇合成大斑。空气潮湿时，病斑上产生大量粉红色黏稠物，此为病菌的分生孢子。

## 7. 菜豆灰霉病（真菌病害）*Botrytis cinerea*

该病主要发生在保护地或南方露地种植的菜豆上，茎蔓、叶、花及豆荚均可染病。苗期子叶受害后，呈水浸状变软下垂，后在叶缘处长出灰白色霉层。叶片染病先从叶缘处开始，病部出现暗绿色水浸状病斑，病斑具较大的同心轮纹，后期易破裂。茎蔓染病，病部形成凹陷的暗绿色水浸斑，后扩大环绕茎蔓，病部以上部分萎蔫死亡。荚果染病，病斑初期呈淡褐色至褐色，水浸状，后逐渐软腐，表面生有灰色霉层。根颈部染病，地上11～15厘米处出现斑纹，周缘深褐色，中部淡棕色或浅黄色，干燥时病斑表皮破裂，湿度大时生有灰色霉层。

病　荚

病　茎

病　叶

## 8. 菜豆菌核病（真菌病害）*Sclerotinia sclerotiorum*

该病主要发生在保护地或南方露地种植的菜豆上。发生严重时，可导致整个温室的豆荚腐烂或茎蔓枯死。该病可侵染茎蔓、豆荚和叶片等地上部分。多始于近地面茎基部或第一分枝的丫窝处。病斑初呈水渍状，后逐渐变为灰白色，皮层组织发干、崩裂，呈纤维状。染病后初呈水浸状，后期湿度大时，病部产生大量白色棉絮

病部菌核

严重受害植株

状菌丝，病茎组织产生鼠粪状黑色菌核。受害部位以上茎蔓萎蔫、枯死。叶片染病，叶面出现暗绿色水浸状不规则形病斑，无同心轮纹，可与灰霉病相区别。在叶背常产生大量的白色菌丝，叶片略向背面卷缩；叶片萎蔫干枯。荚果染病，多由与茎蔓或叶片相接处开始，病部呈水浸状，后产生白色菌丝，荚果坏死腐烂。在所有生有白色菌丝处，后期均产生黑色鼠粪状菌核。

病叶背面

病 荚

病 茎

## 9. 菜豆锈病（真菌病害）

*Uromyces appendiculatus* 和 *Uromyces phaseoli* 混合发生所致。

锈病主要危害叶片，也可危害叶柄、茎蔓和豆荚。叶片上初生黄白色小斑，稍突起，后逐渐扩大。叶背出现黄褐色的夏孢子堆，表皮破裂，散出红褐色粉末（夏孢子）。夏孢子堆周围常有黄晕，在相对的正面形成褪绿斑点。发病后期，夏孢子堆转变为黑色的冬孢子堆，最终导致叶片变形早落。

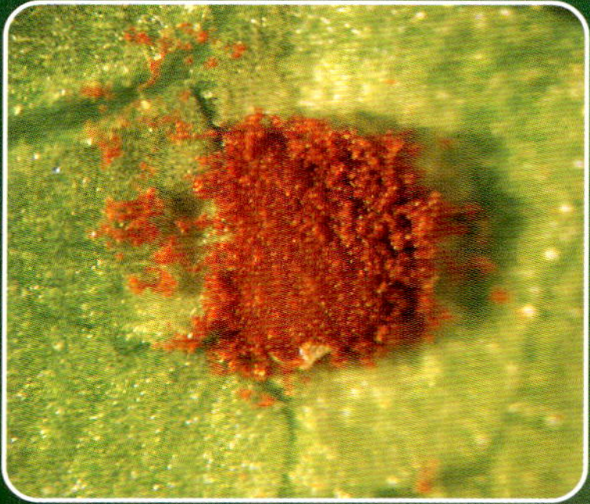

夏孢子堆

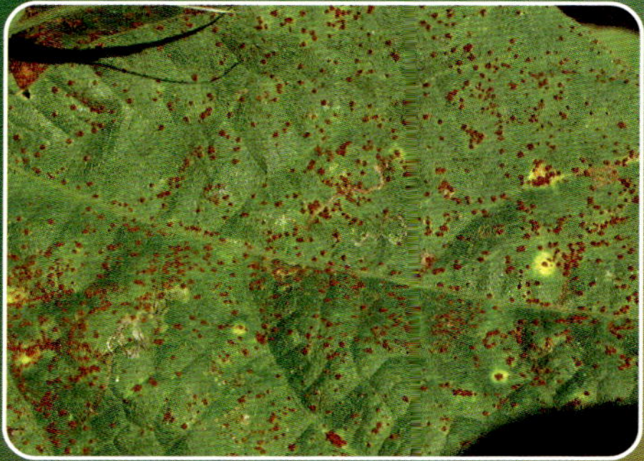

病叶夏孢子堆

# 10. 菜豆细菌性疫病（细菌病害）*Xenthomonas phaseoli*

菜豆的地上部分均可染病。叶片上初生暗绿色、油渍状小斑，后逐渐扩大，呈不规则形，受害组织逐渐变褐干枯，半透明，周围有黄色晕环。病斑常分泌淡黄色菌脓，干燥后在病斑表面形成白色或黄色的薄膜状物。叶片枯死后一般不脱落，易碎裂穿孔。高温潮湿条件，部分病叶可迅速萎蔫变黑。嫩叶受害后扭曲畸形，严重时皱缩脱落。种子萌发抽出的子叶多呈红褐色溃疡状。

受害病株

成株期茎部受害，产生红褐色、长条形、稍凹陷、略呈溃疡状的病斑。豆荚受害最初呈暗绿色、油浸状斑点，扩大后为不规则形，红色，有时略带紫色，最后变为褐色病斑，中央部分凹陷，表面常有淡黄色的菌脓。受害严重时，全荚皱缩褪色，产生黄斑或黑色的凹陷小斑。种脐部常有淡黄色菌脓，这是与真菌病害区别的重要特征。

叶面症状

叶背症状

# 11. 菜豆斑点病（真菌病害）*Phyllosticta phaseolina*

主要危害叶片。病斑圆形或近圆形，生于叶缘或叶尖的为半圆形，直径2～15毫米或更大，边缘褐色，中部淡褐色至灰褐色，表面有明显或不明显的轮纹。潮湿时，其上散生或轮生小黑粒（即分生孢子器）。本病可随炭疽病发生。

叶片病斑

后期病叶

## 12. 菜豆黑斑病（真菌病害）*Alternaria brassicae*

危害叶片。叶斑圆形或近圆形，直径2～6毫米，褐色，微具同心轮纹，病斑表面生有细微的黑色霉点，即分生孢子丛。通常叶片上散生数个至十余个病斑。

病叶

病斑

## 13. 菜豆褐斑病（真菌病害）*Ascochyta phaseolorum*

又称菜豆轮纹病，主要危害叶片。叶斑近圆形至不规则形，直径4～10毫米不等，褐色，边缘色稍深，斑面轮纹明显或不明显，其上生有针头状小黑点，即分生孢子器。

病 叶

病 斑

## 14. 菜豆角斑病(真菌病害) *Isariopsis griseola*

主要在花期后发病。危害叶片，产生多角形黄褐色斑，后变成紫褐色。叶片背面簇生灰紫色霉层，此为病菌的分生孢子梗。荚果受害，豆荚上出现直径1厘米或稍大的霉斑，边缘紫褐色，中间黑色，后期密生灰紫色霉层。病斑不凹陷，可区别于炭疽病。发病严重时可导致种子霉烂。

病斑

病叶正面

病叶背面

# 15.菜豆低温伤害

主要发生在生长前期，叶片不伸展、皱缩，叶片小，向背面卷曲；茎蔓节间缩短，常常爬不上架。

低温伤害

# 16. 菜豆肥害

症状与根腐病十分相似，叶片中午萎蔫，病株下部叶片变黄，从叶片边缘开始枯萎，但不脱落。拔出病株，可见主根上部和茎的地下部分变为黑褐色，病部稍下陷，有烂草气味。当主根全部腐烂后，植株枯萎死亡。

根部腐烂

病 株

# 17.菜豆激素中毒

激素中毒症状十分与病毒病相似，叶片常凹下成袋形，叶片通常向下弯曲，变细；有些叶片变为畸形，植株矮缩。

菜豆激素药害

# 菜豆病害全年防治历

| 生长期 | 防治对象 | 措施 | 药剂防治 |
|---|---|---|---|
| 播种期 | 立枯病、枯萎病、菌核病等 | 翻地前撒药 | 50%多菌灵每667平方米施2～4千克 |
| 苗期 | 立枯病、枯萎病、根腐病等 | 药液喷施根茎处 | 70%恶霉灵3000倍液、70%甲基硫菌灵1000倍液、10%苯醚甲环唑3000倍液、25%复合络氨铜500倍液、50%多菌灵600倍液等 |
| 开花初期 | 病毒病、炭疽病、疫病、 | 清除病株后喷药 | 病毒病使用1.5%植病灵Ⅱ号1000倍液、20%毒病灵600倍液、20%盐酸吗啉胍铜500倍液、5%菌毒清500倍液、高锰酸钾1000倍液等。炭疽病使用70%代森锰锌600倍液、70%甲基硫菌灵1000倍液、75%百菌清600倍液、50%多菌灵600倍液、10%苯醚甲环唑3000倍液、50%异菌脲1500倍液等。疫病使用12%绿乳铜600倍液、50%DT杀菌剂600倍液、14%络氨铜300倍液、77%氢氧化铜800倍液、50%甲霜铜600倍液、20%噻菌铜500倍液等 |

| 生长期 | 防治对象 | 措 施 | 药剂防治 |
|---|---|---|---|
| 成株期 | 锈病、灰霉病、菌核病等 | 田间喷药 | 锈病使用20%三唑酮1500倍液、12.5%烯唑醇3000倍液、30%氟菌唑2500倍液、43%戊唑醇3000倍液、40%氟硅唑乳油10000倍液、10%苯醚甲环唑3000倍液、12%松脂酸铜600倍液等。灰霉病与菌核病使用40%菌核净1500倍液、40%二甲嘧啶胺1000倍液、40%嘧霉胺1500倍液、50%多霉清800倍液、50%速克灵800倍液、50%扑海因1200倍液、70%甲基硫菌灵800倍液等 |
| 成株后期 | 其他叶部病害 | 田间喷雾 | 70%甲基硫菌灵1000倍液、75%百菌清600倍液、50%多菌灵600倍液、50%异菌脲1500倍液、70%代森锰锌600倍液或20%噻菌铜500倍液等 |

# 二、菜豆害虫及防治

## 1. 棉铃虫 *Helicoverpa armigera*

棉龄虫可为害嫩叶和顶心，嫩叶被吃成小孔洞和缺刻；也可蛀食花蕾，取食花朵，造成落花、落蕾；蛀食豆荚，取食种子；有时还可蛀入茎干中，导致植株枯死。

幼虫：共6龄。一龄灰青色；二龄淡黄褐色，体上毛瘤大，黑色；三龄黄褐带绿色，有淡黄白色气门线。老龄幼虫出现背线、亚背线、气门

雌成虫

雄成虫

线等体线；各体节从背面观有两横列毛片各4个，前后毛片略呈“八”字形排列，其上各着生刚毛一根。自五龄后体色变化很大。六龄幼虫体长40～50毫米，老熟时变为淡绿色，体线消失。

老熟幼虫

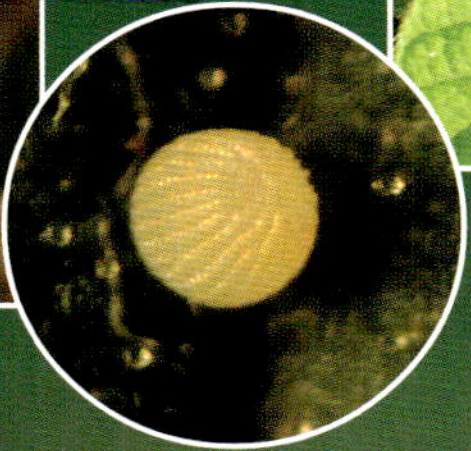

卵

幼虫为害叶片

## 2. 甜菜夜蛾 *Spodoptera exigua*

初孵幼虫群集在叶片背面，或在心叶中吐丝结网，在内部取食叶肉，仅留表皮。三龄后蚕食叶片，严重时仅留叶脉与叶柄。该虫还可钻蛀豆荚以及大葱叶和辣椒、番茄的果实，造成落果、烂果。

蛹

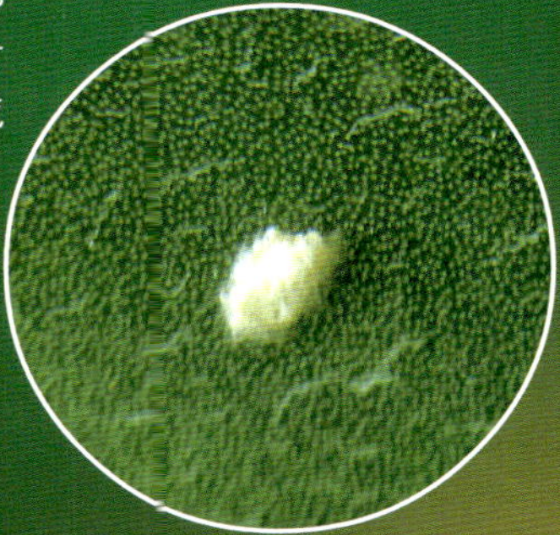

卵 块

老熟幼虫体色变化较大。三龄前多为绿色，三龄后，头后方有两个黑色斑纹。不同体色的幼虫有不同的背线，或不明显。气门下线为明显的黄白色纵带，有时带粉红色。每节气门后上方各有一个明显的白斑，体色越深，白斑越明显，此为该虫的重要识别特征。

幼 虫

成 虫

## 3. 斜纹夜蛾 *Prodenia litura*

斜纹夜蛾以幼虫为害植物叶部、花和果实。虫口密度大时常将全田作物吃成光秆或仅剩叶脉，蛀入心叶并将内部吃空，造成腐烂和污染，且能转移为害。大发生时，减产严重。

卵 粒

成虫为害状

幼虫圆筒形。大多数个体为黑褐色或暗褐色，少数为淡灰绿色或白色。头部、前胸及臀板均为黑褐色。背线、亚背线黄色；沿亚背线上缘，每节两侧常各有一半月形黑斑，腹部第一节的黑斑大，近菱形，第七、第八节的为新月形，也较大。幼虫老熟后，半圆形黑斑不明显。在中、后胸及腹部2～7节半月形斑的下方有橙黄色圆点，以中、后胸的最明显。腹面暗绿色或灰黄色，上散布白色斑点。

白色幼虫

成　虫

老熟幼虫

## 4.银纹夜蛾 *Argyrogramma agnata*

以幼虫咬食大豆叶片，造成缺刻或孔洞，甚至吃光叶片，引起落花落荚、造成籽粒不饱满，影响产量。

末龄幼虫体长25～32毫米，头部绿色，体淡黄绿色，前端较细，后端较宽，有腹足2对，背线白色双线，亚背线白色，背线亚背线间白色，气门线黑色，气门黄色，边缘黑褐色。胴部第八节背面肥大，四龄后，此节上有两个淡黄色圆斑的为雄虫，无斑的为雌虫。

幼虫

成虫

## 5. 大造桥虫 *Ascotis selenaria*

以幼虫取食芽叶及嫩茎，严重时可将植株食成光杆。

老熟幼虫体长38～49毫米，黄绿色。头部黄褐色至褐绿色，头顶两侧各具一黑点。背线宽，淡青色至青绿色，亚背线灰绿至黑色，气门线黄色，杂有细黑色纵线，气门下线至腹部末端，淡黄绿色；3、4腹节上具黑褐色斑，气门黑色，围气门片淡黄色。胸足褐色，腹足2对，着生于6、10腹节，黄绿色，端部黑色。

成 虫

幼 虫

## 6. 豆天蛾 *Clani bilineata*

以幼虫食取菜豆叶片，成网孔状，严重时可将豆株吃成光秆，使之不能结荚而影响产量。

末龄幼虫体长 82～90 毫米，黄绿色。从腹第一节起，两侧各有 7 条向背面后方倾斜的黄白色斜线。尾角黄绿色，短且向下弯曲。

成虫

黄色型幼虫

绿色型幼虫

## 7. 豇豆螟 *Maruca testulalis*

幼虫主要蛀食豆类蔬菜的花器、鲜荚和种子，有时蛀入茎秆端梢，卷食叶片，严重影响豆类蔬菜的产量及质量。

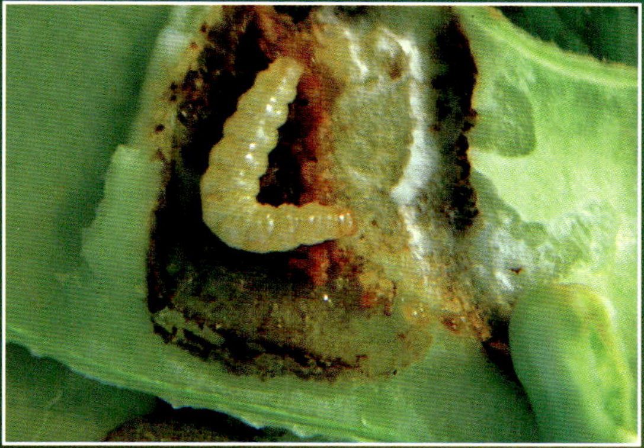

幼虫及为害状

豆荚受害状

幼虫共5龄，黄绿色至粉红色。中后胸背板每节前排有毛片4个，各生2根细长的刚毛，后排有斑2个，无刚毛。腹部背面的毛片上都有3根刚毛。腹足趾钩为双序缺环。幼虫主要蛀食豆类蔬菜的花器、鲜荚和种子，有时蛀食茎秆、端梢，卷食叶片，严重影响豆类蔬菜的产量及质量。

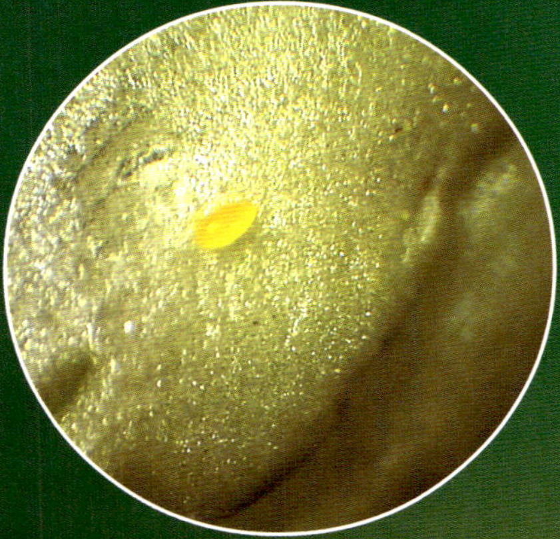

卵

成 虫

## 8. 美国白蛾 *Hyphantria cunea*

该虫以幼虫群集叶上吐丝作网巢，网巢可长达0.6～1米或更大，稀松不规则，呈天幕状。因在仲夏到秋天出现，故又称“秋幕毛虫”，严重时，整个植株叶子被吃光。

雌成虫与卵

成虫及为害状

老熟幼虫体长25～30毫米，分黑、红头两型。黑头型头黑色，体色多为乳黄色，杂有灰色或黑色斑纹，前胸盾、胸足、腹足、臀板均黑色；红头型头橘红色，体乳黄色杂有暗色斑纹，前胸盾、前胸足、腹足、臀板和毛瘤均橘红色。身体黄绿色至灰黑色。

黑背型幼虫

黄背型幼虫

## 9. 豆盗毒蛾 *Porthesia piperita*

幼虫将叶面表皮和叶肉食光，仅留另一面表皮，也可为害花器和豆荚。

老熟幼虫体长约30毫米，头部黑褐色，有光泽；体黑褐色，前胸背板黄色，具2条黑色纵线；体背面有一橙黄色带，在1、2、8腹节中断，带中央贯穿一红褐色间断的线；亚背线白色；气门下线红黄色；前胸背面两侧各有一向前突出的红色瘤，瘤上生黑色长毛束和白褐色短毛，其余各节背瘤黑色，生黑褐色长毛和白色羽状毛，5、6腹节的瘤橙红色，生有黑褐色长毛；腹部1、2节背面各有1对愈合的黑色瘤，上生白色羽状毛和黑褐色长毛；第九腹节的瘤呈橙色，上生黑褐色长毛。

为害菜豆花

成 虫

幼虫为害

## 10. 人纹污灯蛾 *Spilarctia subcamea*

以幼虫为害叶片，低龄幼虫剥食叶肉，残留表皮和叶脉，三龄后蚕食叶片，五龄后进入暴食期，可将叶片食光。

老熟幼虫体长约50毫米，体被棕色长毛。头黑色，体黄褐色，背线淡黄色，胸足和腹足均为黑色，各节有10～18个毛瘤。

低龄幼虫

高龄幼虫

成 虫

## 11. 朱砂叶螨 *Tetranychus cinnabarinus*

以成、若螨吸食叶背汁液，使叶面的水分蒸腾增强，叶绿素变色，光合作用受到抑制。受害叶片先出现小的失绿斑点，后斑点相连成片，叶色变白，后期致使叶面变红、干枯、脱落，甚至整株枯死。

雌成螨体长0.42～0.51毫米，宽0.26～0.33毫米，体卵圆形。体色一般为深红色或锈红色，只有眼前方呈淡黄色，无季节性变化，全年均为红色。体两侧各有一倒“山”字形黑褐色斑纹，从头胸部开端起延伸到腹部的后端。此斑有时可分为前后两块，前一块略大。腹部末端圆钝。雄成螨体长0.37～0.42毫米，宽0.21～0.23毫米，比雌螨小。体呈菱形，头胸部前端近圆形，腹部末端尖削。体色为绿色、黄绿色或橙红色。

叶片受害状

幼螨体近圆形，色泽透明，取食后变暗，绿色。体长约0.15毫米，宽0.12毫米，足3对。螨长约0.21毫米，宽0.15毫米，体色变深、微红。足4对。体侧出现明显的块状斑。若螨分前若螨期和后若螨期。

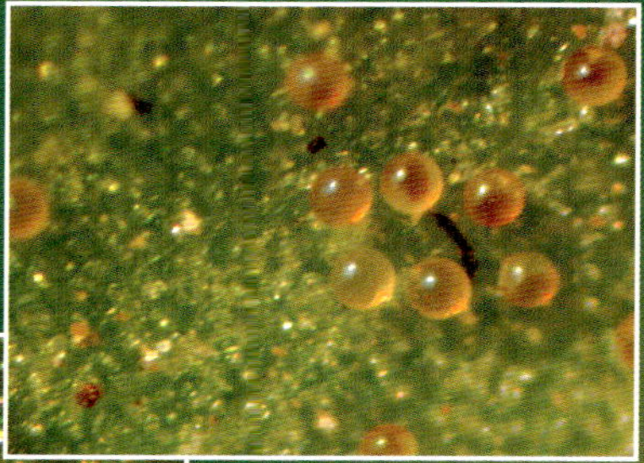

卵

成虫

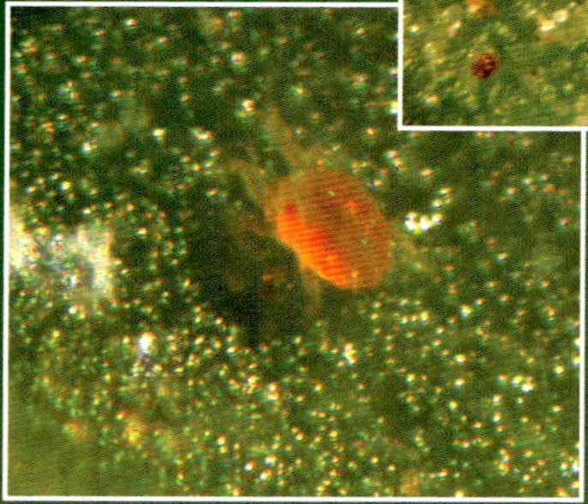

幼螨

# 12.二斑叶螨 *Tetranychus urticae*

其为害症状与朱砂叶螨相似，但叶面的失绿斑较朱砂叶螨大。为害严重时，可在叶片正面或枝杈处结一层白色丝绢状的丝网。

豆荚受害

受害叶片枯焦

丝 网

雌成螨体长0.42～0.59毫米，椭圆形。生长季节为白色或黄白色，体背两侧各具1块黑色长斑，取食后呈深绿色或褐绿色；密度大或种群迁移前，体色变为橙黄色。在生长季节无红色个体出现。滞育型体呈淡红色，体侧无斑。与朱砂叶螨的最大区别是在生长季节无红色个体，其他均相同。

雄成螨体长0.26毫米，近卵圆形，前端近圆形，腹末较尖，多呈绿色。与朱砂叶螨难以区分。

幼螨初孵时近圆形，体长0.15毫米，白色，取食后变暗绿色，眼红色，足3对。

若螨前若螨体长0.21毫米，近卵圆形，足4对，色变深，体背出现色斑。后若螨体长0.36毫米，与成螨相似。

雄成虫

# 13. 茶黄螨 *Polyphagotarsonemrs latus*

以成螨和幼若螨刺吸植物幼嫩部分为害，受害叶片背面呈灰褐色或黄褐色，具油质光泽或呈油浸状，叶片边缘向下卷曲。受害嫩茎、嫩枝变黄褐色，扭曲畸形，严重时植株顶端枯死；受害的花蕾与花不能正常开放。常被误认为是病毒病或生理性病害。

雌成螨体椭圆形，长0.2毫米，宽0.2毫米。初为淡黄色，后渐变为半透明，背中央有白色条纹。身体背面有4块背板，1～3块背板和尾部各具毛1对。第一对足胫节基部有棒状毛两根。第四对足纤细，胫节末端有一根鞭状刚毛，比足长。亚端毛刺状。腹面后足体有4对刚毛。

茶黄螨卵

雄成螨体淡黄色或橙黄色，半透明。体近三角形，长0.19毫米，宽0.9毫米。足强大，第四对足转节与腿节基部外侧略突，内侧削平，腿节末端具一弯月状突。

幼螨椭圆形，3对足，乳白色，腹末尖，具1对刚毛，化若螨前体透明，移至叶脉附近蜕皮。

若螨梭形，半透明。雄若螨瘦尖，雌若螨较丰满。若螨是一个静止的生长发育阶段，被幼螨的表皮所包围，有的称之为“静止期”。

雄虫及卵

## 14. 温室白粉虱 *Trialeurodes vaporariorum*

以成虫和若虫吸食植株汁液，受害叶片失绿、变黄、萎蔫，甚至全株死亡。白粉虱种群数量大，可群聚为害，分泌的大量蜜露严重污染叶片与荚果，往往引起煤污病的大发生，影响光合作用，使蔬菜失去商品价值。

成虫体长1.5毫米左右，淡黄色。翅面覆盖白色蜡粉，静止时翅合拢呈屋脊状。翅端部半圆形，盖住整个腹部，翅脉简单，沿翅外缘有一排小颗粒。

为害引发霉污病

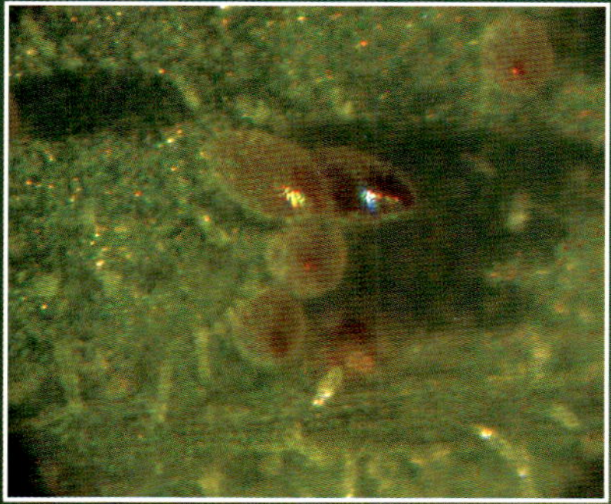

卵粒（放大）

若虫长卵圆形，扁平，淡黄绿色，体表具长短不一的蜡质丝状突起。共3龄，一龄若虫体长0.29毫米，常椭圆形，触角与足发达，可自由活动；二、三龄若虫体长分别为0.38和0.52毫米，淡绿色或黄绿色，足与触角退化，营固定生活。

伪蛹实际是四龄若虫，黄褐色，长0.8毫米左右，椭圆形，初期体扁平，后逐渐加厚，中央稍高；一般背面具8对蜡质刚毛状突起。

成虫

若虫

# 15. 烟粉虱 *Bemisia tabaci*

以成、若虫刺吸植物汁液，受害叶褪绿萎蔫或枯死。除直接为害外，由于种群数量大，群聚为害，分泌的大量蜜露严重污染叶片与荚果，往往引起煤污病的大发生，影响光合作用，使蔬菜失去商品价值。

叶背受害状

成 虫

卵

若 虫

# 16. 美洲斑潜蝇 *Liriomyza sativae*

美洲斑潜蝇以幼虫蛀食叶片叶肉为主，形成黄白色蛇斑，潜道长达30～50毫米，宽达3毫米。成虫产卵、取食也造成伤斑，使植物叶片的叶绿素细胞受到破坏，光合作用面积减少，严重时造成叶片白化，后期可干枯死亡。虫体的活动还能传播多种病毒。受害严重的植株可造成叶片枯黄脱落，甚至整株枯死。

幼虫共3龄，蛆状，初孵化无色，渐变为淡黄绿色，后期变为橙黄色，长约3毫米；后气门突呈圆锥状突起，顶端三分叉，各具一个开口，两端的突起呈长形。

幼虫

成虫

叶片受害状

## 17. 南美斑潜蝇 *Lirimyza huidobrensis*

成虫将卵产在叶中，孵化后的幼虫在叶片上、下表皮之间潜食叶肉　嗜食中肋、叶脉，食叶成透明空斑，造成幼苗枯死，破坏性极大。该虫幼虫常沿叶脉形成潜道，幼虫还取食叶片下层的海绵组织。从叶面看，潜道常不完整，初期呈蛇形，后期形成虫斑，有别于美洲斑潜蝇。成虫产卵取食时造成伤斑，使植物叶片的叶绿素细胞和叶片组织受到破坏，受害严重时，叶片失绿变成白色。

幼虫低龄时体白色，高龄后头部及胸部前端黄色，体大部为白色，后气门突具6～9个气孔开口。

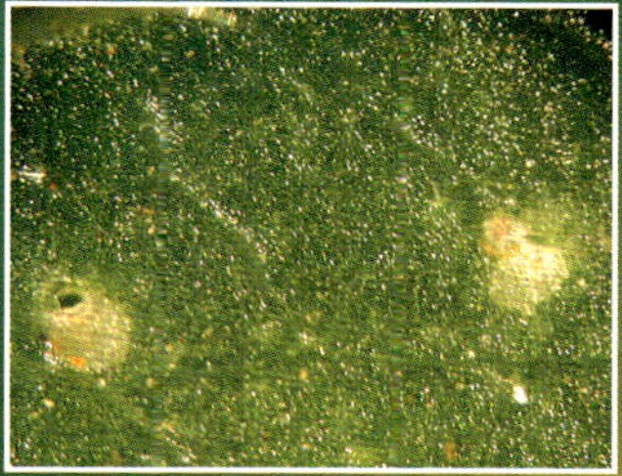

叶片受害状

幼虫

成虫

## 18. 豌豆彩潜蝇 *Chromatomyia horticola*

以幼虫潜叶为害，蛀食叶肉留下上下表皮，形成曲折隧道，影响蔬菜生长，严重时可造成叶片枯死。豌豆受害后，影响豆荚饱满及种子品质和产量。叶菜类受害后，失去经济价值。

老熟幼虫白色，体长约3毫米，体表光滑透明，前气门成叉状，向前伸出；后气门在腹部末端背面，为一对明显的小突起，末端褐色。

叶片受害状

幼虫

成虫

## 19.点蜂缘蝽 *Riptortus pedestris*

叶受害状

成虫和若虫刺吸汁液，在豆类蔬菜开花结荚时群集为害，导致蕾、花凋落，果荚不实或瘪粒；严重时全株枯死，颗粒无收。

成虫体长15～17毫米，宽3.6～4.5毫米，狭长，黄褐色至黑褐色，被白色细绒毛。头在复眼前部成三角形，后部细缩如颈。前胸背板及侧板有许多不规则的黑色颗粒。小盾片三角形。前翅膜片淡棕褐色。足与体同色，后足腿节粗大，有黄斑，腹面具4个较长的刺和几个小齿，基部内侧无突起，后足胫节向背面弯曲。腹面散生许多不规则的小黑点。

一至四龄若虫体似蚂蚁，五龄体似成虫仅翅较短。

若 虫

成 虫

## 20. 红背安缘蝽 *Anoplocnermis phasianas*

以成、若虫刺吸豆荚、嫩芽和叶片汁液为食，导致豆荚与豆粒萎缩，嫩芽枯萎，叶片变色。

成虫体长20～27毫米，宽8～10毫米，棕褐色。触角第四节棕黄色。前胸背板具1条浅色纵带纹，侧缘直，具细齿，侧角钝圆。后胸臭腺孔和腹部背面橙红色。雌虫后足腿节稍弯曲，近端处有1个小齿突；雄虫后足腿节内侧基部有显著的短锥突，近端部扩展成三角形的齿状突。

成虫及为害状

一龄若虫体黑色，形如蚂蚁，前、中和后胸背板后缘直；二龄若虫体黑色，后胸后缘弯曲；三龄、四龄若虫体黑或黑褐色，触角第三、第四节基部和末端黄褐色，长出翅芽；五龄若虫体变为灰褐或黄褐色，触角除第二、第三节端部为黑色，其余为红褐色。

若虫

## 21. 茶翅蝽 *Halyomorpha picus*

以成虫、若虫吸食汁液为害。豆荚受害后，果面凹凸不平，受害处果肉变硬木栓化，受害严重时无法食用。

成虫体长15毫米，宽8～9毫米，扁椭圆形，灰褐色略带紫红色，触角丝状，褐色。复眼球形，黑色。前胸背板、小盾片和前翅革质部有黑褐色刻点，前胸背板前缘有4个横列的黄褐色小点，小盾片基部有5个横列的小黄点。腹部两侧各节间均有一个黑斑。

成 虫

若虫与成虫相似，无翅，前胸背板两侧有刺突，腹部各节背面中部有黑斑，黑斑中央两侧各有一黄褐色小点，各腹节两侧间处均有一个黑斑。

卵

初孵若虫

## 22. 绿盲蝽 *Lugus lucorum*

若虫与成虫刺吸新梢生长点和幼荚。新梢受害后，出现褐色的坏死点，随生长逐渐扩大、相连，造成叶片残破。幼荚受害后，在果面上出现小凹陷，逐渐木栓化。

成虫体长约5毫米，绿色、身体较扁平。头三角形，黄褐色。复眼红褐色。前胸背板深绿色，有许多小黑点。前翅革质，绿色。后翅膜质半透明，呈灰色。

若虫绿色，体表有黑色绒毛，只有翅芽。

卵

成 虫

成虫放大状

## 23. 花生蚜 *Aphis medicaginis*

花生蚜在植株上聚集在幼芽、嫩茎、花器、荚果和叶片背面繁殖为害，使叶片变黄卷缩，植株生长缓慢、矮小。花器受害，影响花芽形成及荚果的正常发育，严重时茎叶变黑。

有翅胎生雌蚜体长1.5～1.8毫米。紫黑色，有光泽。触角约与体等长，灰黑色，中间带黄白色。复眼黑色，眼瘤发达。足黄白色，但基节、转节和腿节、胫节端部以及前足跗节褐色。尾片基部缢缩，明显上翘。若蚜体黄褐色，被有稀疏蜡粉，翅芽基部淡褐色。

无翅胎生雌蚜体较肥大，黑色或浓紫黑色，少数墨绿色，有光泽。体被有稀薄的蜡粉。触角约是体长的2/3，基部和端部为黑色，中间黄白色。若虫除体节明显外，均与成蚜特征相同。

花器受害

花生蚜

植株受害

## 24. 短额负蝗 *Atractomorpha sinensis*

以成虫和若虫取食叶片，影响菜豆生长发育，降低产量和商品价值。

成虫体长20～30毫米，头至翅端长30～48毫米。绿色（夏型）或褐色（冬型）。头尖削，绿色型自复眼起向斜下有一条粉红纹，与前、中胸背板两侧下缘的粉红纹相接。体表有浅黄色瘤状突起；后翅基部红色，端部淡绿色。

夏型成虫

若虫共5龄：一龄若虫体草绿色稍带黄色，前、中足褐色，有棕色环若干，全身布满颗粒状突起；二龄若虫体色逐渐变绿，前、后翅芽可辨；三龄若虫前胸背板稍凹以至平直，翅芽肉眼可见，前、后翅芽末端合拢盖住后胸一半至全部；四龄若虫前胸背板后缘中央稍向后突出，后翅翅芽在外侧盖住前翅芽，开始合拢于背上；五龄若虫前胸背面向后方突出较大，形似成虫。

秋型雌虫

秋型雄虫

# 25. 同形巴蜗牛 *Bradybaena similaris*

成贝、幼贝以齿舌取食叶、茎，造成孔洞或缺刻，并留下黑褐色虫粪，外覆一层白色黏性物。严重时可吃光叶片。咬断嫩茎，造成缺苗断垄。

成贝壳坚实且质厚，扁圆球形，具5～6个螺层。在体螺层周缘或缝合线上常有一暗褐色带。壳面呈褐色或褐红色，有稠密而细致的生长线。壳口马蹄形，口缘锋利。脐孔小而深。幼贝形的成贝，体型较小。

菜豆受害状

同形巴蜗牛

## 26. 小地老虎 *Agrotis ypsilon*

以幼虫为害植物幼苗根茎处，常将植物咬断，甚至可将幼苗拖入土中取食；对于较大的植株，也可钻入其根茎中取食。为害严重时可造成缺苗断垄，甚至毁苗。

老熟幼虫体长37～47毫米，体黄褐至暗褐色，体具淡色的纵带。腹部1～8节背面每节具两对毛片，后两个比前两个大2倍以上；体粗糙，具明显大小不等的颗粒，背中央有两条淡褐色纵带；臀板黄褐色，其上具两条深褐色纵带。

成虫

幼虫

## 27. 黄地老虎 *Agrotis segetum*

以幼虫为害植物幼苗根茎处，常将植物咬断，甚至可将幼苗拖入土中取食；对较大的植株，也可钻入根茎中取食。为害严重时可造成缺苗断垅，甚至毁苗。

老熟幼虫体长33～43毫米。头黄褐色，颅侧区有略呈长条形暗斑，额区（傍额片）颅顶双峰状。体淡黄褐色，多皱纹。臀板具2大块黄褐色斑，中央纵断，小黑点较多。

幼虫及为害状

幼 虫

成 虫

## 28. 华北大黑鳃金龟 *Holotrichia oblita*

成虫取食低矮的豆类植物，幼虫在土中为害根部。根部受害后，影响营养物质的吸收和运输，造成减产，严重时可造成整个植株枯萎死亡。幼虫造成的伤口还容易遭受病菌的侵害。

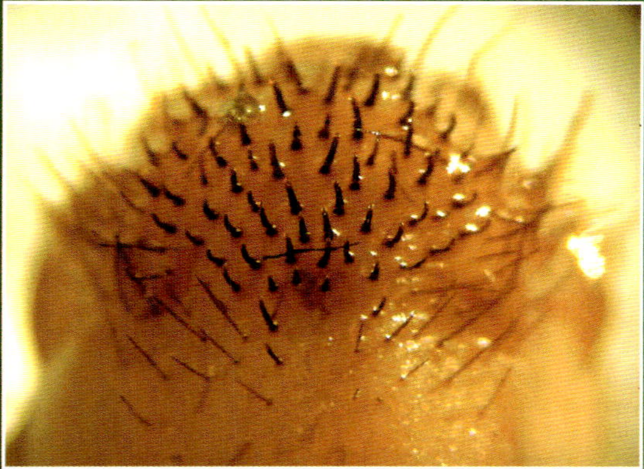

臀节腹面

成 虫

成虫初为红棕色，后变为黑色或黑褐色，具光泽。体较宽。小盾片三角形。前足胫节外齿3个，内具距一枚，后足胫节末端有端距2根。臀板末端圆钝，雄虫顶端中央凹陷，前臀节腹板中央具明显的三角形凹坑。雌虫臀板较长，中央凹陷不明显，前臀节中央无三角形凹坑。

老熟幼虫头部黄褐色，体黄白色。头前顶刚毛每侧3根，后顶刚毛每侧1根；额中毛各1根，少数2根。覆毛区散生钩状刚毛，无刺毛列。肛门孔三裂状。

幼 虫

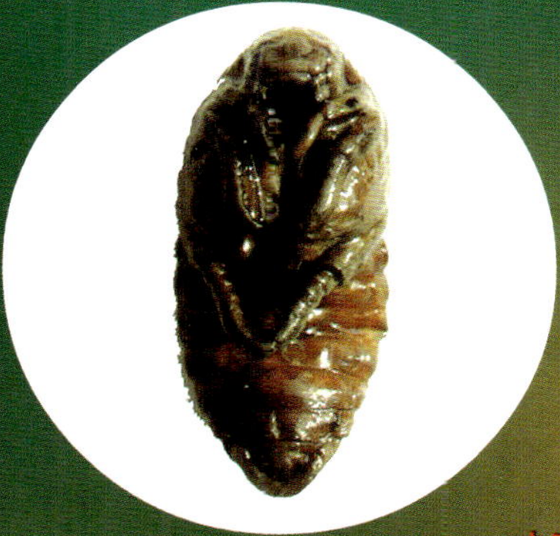

蛹

## 29. 暗黑鳃金龟 *Holotrichia parallella*

成虫取食高大的植物，尤其喜食杨树、柳树、榆树和刺槐的叶片，也取食花生、玉米、苹果、梨等叶片。幼虫为害同华北大黑鳃金龟。

成虫初为红棕色，后变为黑色或红褐色，体被蓝黑色细绒毛，无光泽。唇基前缘和侧缘边上卷，前缘的中部凹入。前胸背板点刻大而明显，鞘翅每侧各有4条明显的纵肋。肩瘤明显。前足胫节外齿3个，后足胫节末端有端距2根。臀板末端圆尖，近似三角形，具棱边。

成 虫

老熟幼虫体黄白色，头部黄褐色。头部宽5.6毫米；前顶刚毛每侧1根，位于冠缝旁。肛腹板覆毛区散生钩状刚毛，无刺毛列。肛门孔三裂状。

幼 虫

幼虫头部

幼虫臀部

## 30. 铜绿丽金龟 *Anomala corpulenta*

成虫将叶片和豆荚咬成缺刻，为害豆花或将其吃掉，使其不能结荚。幼虫咬食蔬菜根部，轻者影响植株生长，重者导致植株死亡。

成虫头、前胸背板、小盾片和鞘翅背面为铜绿色，有金属光泽。前胸背板及鞘翅的边缘有饰边，胸部和腹部腹面、3对足的基节、转节和腿节均为褐色或黄褐色，胫节、跗节均为棕色或棕褐色。前胸背板各缘边均具饰边，前足胫节外缘具2齿，较钝。雄虫在臀板前缘中央具有1个三角形黑斑，个别雄虫没有，雌虫无此黑斑。雄虫腹部腹板黄白色，雌虫为白色。

老熟幼虫弯曲呈“C”字形。头部黄褐色，肛门孔横裂，刺毛列每侧由11～20根刺状毛组成，多数为15～18根，两端相遇或交叉。

幼 虫

成 虫

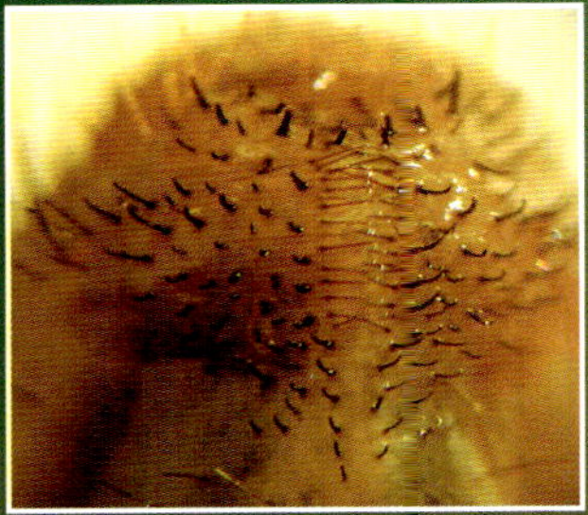
臀节腹面

## 31. 黑绒金龟 *Maladera orientalis*

成虫取食菜豆幼苗，将叶片咬成缺刻或孔洞，严重时仅留叶脉，幼虫在地下为害菜豆根系，导致生长衰弱或植株死亡。

成虫卵圆形，前狭后宽，黑色或黑褐色，有丝绒般闪光。前胸背板宽，两侧中段外扩，密布细刻点，侧缘列生褐色刺毛。鞘翅侧缘微弧形，边缘具稀短细毛，纵肋明显。前足胫节具2外齿。臀板三角形，密布粗大刻点。

老熟幼虫。肛腹片后部覆毛区满布顶端尖弯的刺毛，前缘双峰状，中间裸区楔状。刺毛列位于覆毛区后缘，由16～22根锥刺毛组成，呈横弧状排列。

成虫及为害状

## 32. 沟金针虫 *Pleomus canaliculatus*



金针虫的为害方式与蛴螬相似，但蛀孔细小，还能蛀入深处为害；除为害地下块根、块茎外，还为害地下的种子及寄主根、茎。受害幼苗很少被咬断，但受害部位不整齐，呈乱麻状。

老熟幼虫体金黄色有光泽。体节宽略大于长，体缘有黄褐色细毛。背中央有纵沟1条。臀节背板硬化，黄褐色，扁平且凹陷，表面有较粗的刻点，边缘成棱角，侧缘各有3个齿突，最后1对特别发达，向后上方弯曲，形成钳形。

成 虫

幼虫腹部末端

幼 虫

## 33. 细胸金针虫 *Agriots fusieollis*

为害特点与沟金针虫相同。

末龄幼虫体长23毫米，淡黄色，细长圆筒形，有光泽。尾节不分叉，圆锥形，近基部背面两侧各有一褐色圆斑，并有4条褐色纵条斑。

豆苗受害状

成 虫

幼 虫

## 34. 网目沙潜 *Opatrum subaratum*

以成虫和幼虫取食菜豆的幼苗嫩叶和幼根，影响出苗，幼虫还可钻入根茎中为害，造成幼苗枯萎死亡。

成虫体长6.4～8.7毫米，扁椭圆形，黑褐色。触角11节，棍棒状。前胸背板发达，密布细沙状刻点，边缘宽平。鞘翅近长方形，将腹部完全遮盖，上有7条隆起纵线，每条纵线两侧有5～8个瘤突，呈网络状。腹部腹板5节。

成虫

老熟幼虫深灰黄色，体背面浮灰褐色。前足发达且粗大。腹末节小，纺锤形，背片基部稍突起成1横沟，上有褐色1对钩形纹；末端中央有乳头状隆起的褐色部分；两侧缘及顶端各有4根刺毛。

幼虫

## 35. 蒙古灰象甲 *Xylinophorus mongolicus*

成虫取食豆类蔬菜刚出土的幼苗子叶、嫩芽和心叶等，常群聚为害，严重时可将叶片食光，咬断茎端，造成缺苗断垄，或将叶片食成半圆形或圆形缺刻。

成虫体长4.4～6毫米，宽2.3～3.1毫米，卵圆形，体灰色，密被灰黑褐色鳞片，鳞片在前胸形成3条褐色与2条白色相间的纵带，内肩和翅面上具白斑，头部呈光亮的铜色。鞘翅上生有10列纵刻点。头喙短扁，中间细。触角红褐色，膝状，棒状部长卵形，末端尖。前胸长大于宽，后缘有边，两侧圆形，鞘翅基部显宽于前胸。

豆苗受害状

成 虫

# 36. 豆蓝丽金龟甲 *Popillia mutans*

成虫将叶片咬成缺刻，为害豆花或将豆花食掉，导致不能结荚，常蛀食豆荚。幼虫食害根部，导致植株枯死。

成虫体蓝黑色、蓝色、墨绿色、暗红色或红褐色，带强烈的金属光泽。头顶部刻点粗密，复眼内侧具纵刻纹。触角9节，棒状部3节。小盾片短宽三角形。鞘翅短阔，后方明显收窄，小盾片后侧具一对深横沟，背面距6条浅刻点槽，足黑色粗壮，前足胫节外缘具2齿。臀板无白色毛斑，在田间该虫常与琉璃丽金龟混淆。

老熟幼虫体长25毫米左右，弯曲呈“C”字形。头部黄褐色，肛门孔横裂，臀节背面具骨化环，刺毛列每侧由4～6根刺状毛组成。琉璃丽金龟甲的幼虫形态与该虫相同，现在还无法区分。

成 虫

幼 虫

成虫及为害状

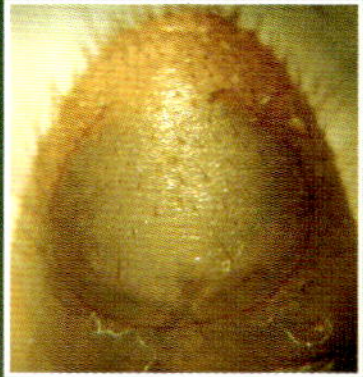
幼虫臀节背面

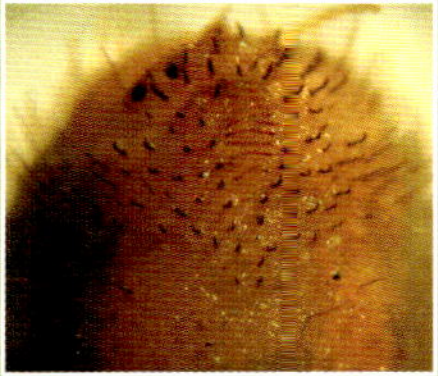
幼虫臀节腹面

## 37. 琉璃丽金龟甲 *Popillia atrocoerulea*

该金龟甲与豆蓝丽金龟甲形态十分相象，但琉璃丽金龟甲臀板上具2块白色的毛斑。其为害征状和成虫、幼虫的特征亦与豆蓝丽金龟甲相同。

琉璃丽金龟甲

## 38. 灰地种蝇 *Hylemyia platura*

以幼虫为害。幼虫从幼苗根茎部蛀入并在其中生活，导致死苗；种子受害，可造成烂种。

雄成虫体略小，暗黄色至暗褐色。两复眼几乎相接，触角黑色。胸部背面有3条黑色纵纹。后足胫节内下方生有1列密集、等长、末端弯曲的短毛。腹部背面中央有1条黑色纵纹，各腹节间有1黑色横纹，使背面形成明显的小方块。雌成虫灰色或灰黄色。两复眼间距离较宽，约等于头宽的1/3。中足胫节外方生有一根刚毛。腹部背面纵纹不明显、雌雄虫的前翅基背毛短，其长度不超出背中毛的1/2。

卵长椭圆形，乳白色，略弯曲，表面有网状纹。

幼虫乳白色带有淡黄色。体前细后粗，腹部末端有7对肉质突起。

幼 虫

成 虫

种绳为害菜豆

种绳为害菜豆根部

蛹

# 菜豆害虫全年防治历

| 生长期 | 防治对象 | 措施 | 药剂防治 |
| --- | --- | --- | --- |
| 播种期 | 金龟子、金针虫 | 穴坑中施药 | 5%辛硫磷颗粒剂每667平方米施5～7千克 |
| 苗期 | 地老虎类、象甲、网目沙潜、灰地种蝇、蚜虫等 | 田间喷雾、苗期灌墩 | 10%吡虫啉可湿性粉剂3000倍液、5%高效氯氰菊酯1500倍液，灌墩使用1.8%阿维菌素每667平方米0.4～0.5千克、48%毒死蜱0.5～0.6千克或50%辛硫磷0.5～0.6千克 |
| 开花初期 | 螨类、潜叶蝇类、粉虱类等 | 田间喷雾 | 螨类害虫使用：使用5%尼索朗1500倍液、20%螨死净3000倍液；潜叶蝇类成虫：消灭成虫使用80%敌敌畏800倍液、5%高效氯氰菊酯1500倍液等；粉虱类害虫使用25%阿克泰乳油10000倍液、10%吡虫啉3000倍液、3%啶虫脒1500倍液等 |
| 成株期 | 螨类、潜叶蝇类、豇豆螟等 | 田间喷雾 | 螨类害虫使用：15%哒螨酮3000倍液、20%双甲脒1000倍液、1.8%阿维菌素3000倍液、20%甲氰菊酯1500倍液、2.5%联苯菊酯1500倍液等。潜叶蝇类可使用1.8%阿维菌素3000倍液、1%甲胺基阿 |

| 生长期 | 防治对象 | 措　施 | 药剂防治 |
| --- | --- | --- | --- |
| | | | 维菌素苯甲酸盐2000倍液、25%灭幼脲3号1500倍液、20%杀蛉脲8000倍液、50%杀螟丹1500倍液等。豇豆螟使用：15%茚虫威3000倍液、20%虫酰肼1500倍液、2.5%多杀菌素1000倍液、1.8%阿维菌素3000倍液、2.5%三氟氯氰菊酯1500倍液、10%溴虫腈2500倍液等 |
| 生长后期 | 各种食叶害虫 | 田间喷雾 | 1.8%阿维菌素3000倍液、20%甲氰菊酯1500倍液、5%高效氯氰菊酯1500倍液、2.5%三氟氯氰菊酯1500倍液、10%吡虫啉3000倍液、3%啶虫脒1500倍液等 |

顾耘，男，1955年生，教授，青岛农业大学教师，昆虫学硕士学位，山东昆虫学会副理事长。主持"植物保护基础多媒体软件包的研制与开发"项目，获国家教学成果二等奖，为中央农业广播学校和中国农业音像出版社拍摄了34集电视教学片"农业病虫害防治"。编著了"豆类蔬菜病虫害诊断与防治原色图谱"2003 金盾出版社。发表了"东北大黑鳃金龟分类地位的研究"等学术论文50余篇。目前从事昆虫系统学和害虫防治学的教学工作。

地址：青岛市城阳区春阳路·青岛农业大学植保学院
邮编：266109
电话：0532-88030425
E-mail:zbxks@lyac.edu.cn

封面设计：金　创

农作物病虫害田间诊断技术丛书

# 菜豆病虫害及防治原色图册

CAIDOU BINGCHONGHAI JI FANGZHI YUANSE TUCE

ISBN 978-7-5082-5560-6

定价：14.00元

ISBN 978-7-5082-5560-6

9 787508 255606 >